U0338862

黄鼠狼毛毛与失去的河

杨炽 文／图

山东人民出版社

国家一级出版社　全国百佳图书出版单位

一条大河波浪宽
风吹芦花香两岸
我家就在岸上住
抓不完田野的耗子
看不够远处的青山

——毛毛的歌

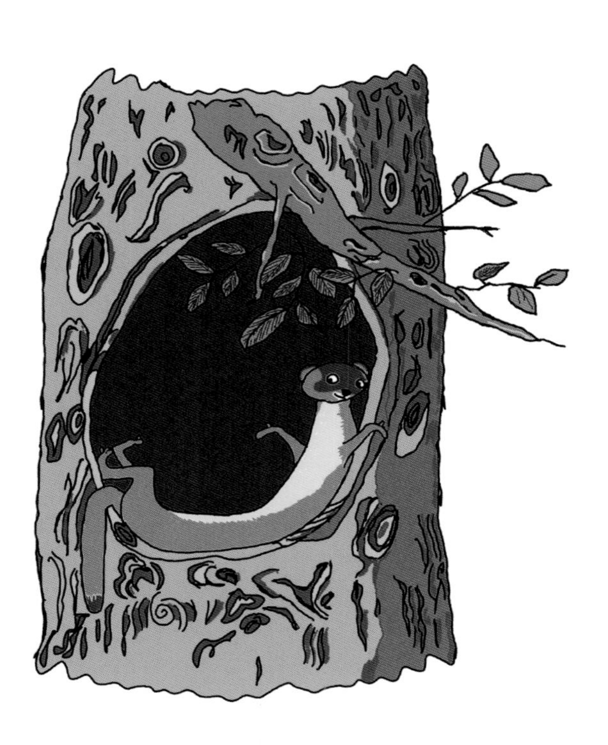

目录

地图

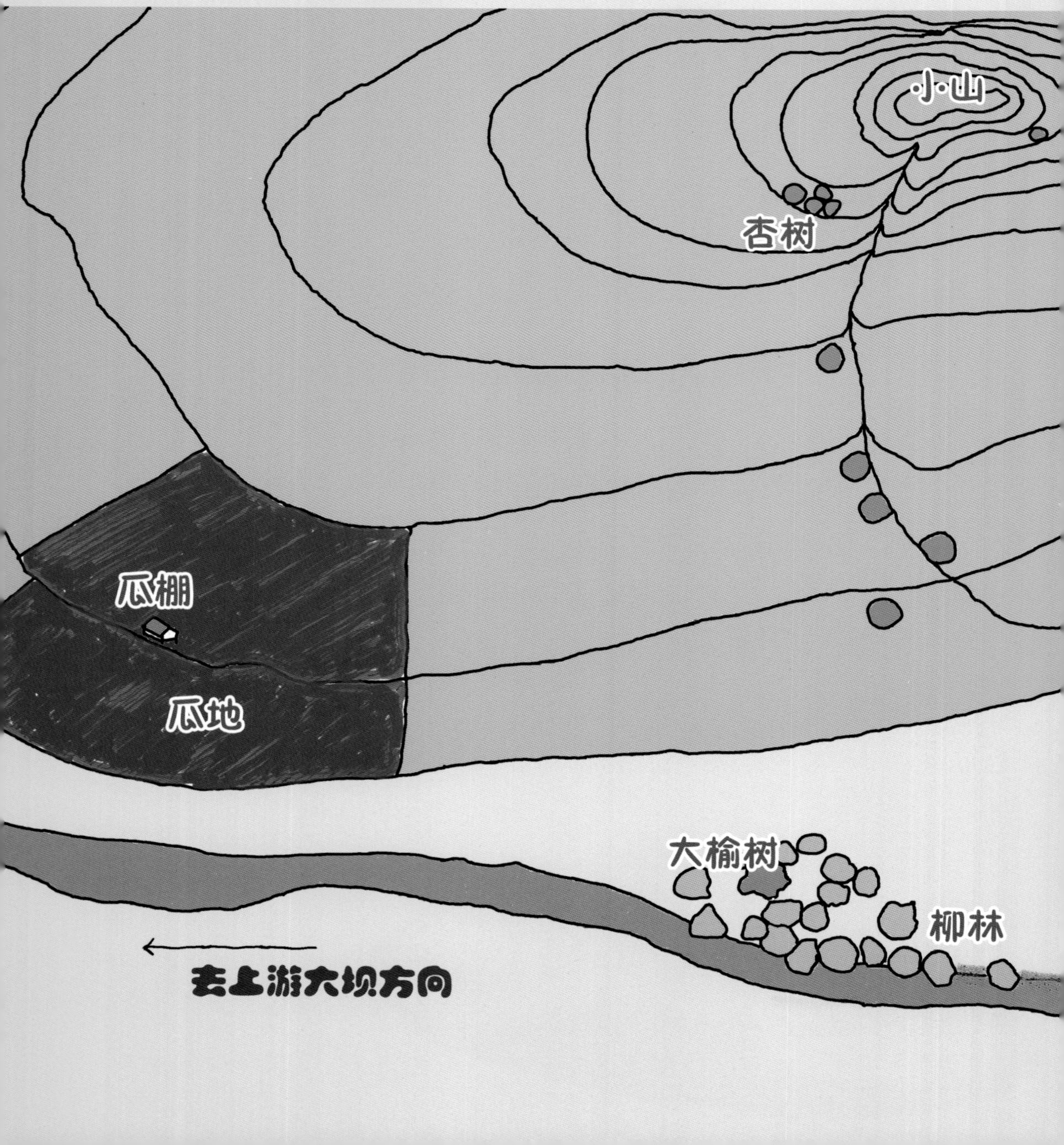

小山

杏树

瓜棚

瓜地

大榆树

柳林

去上游大坝方向

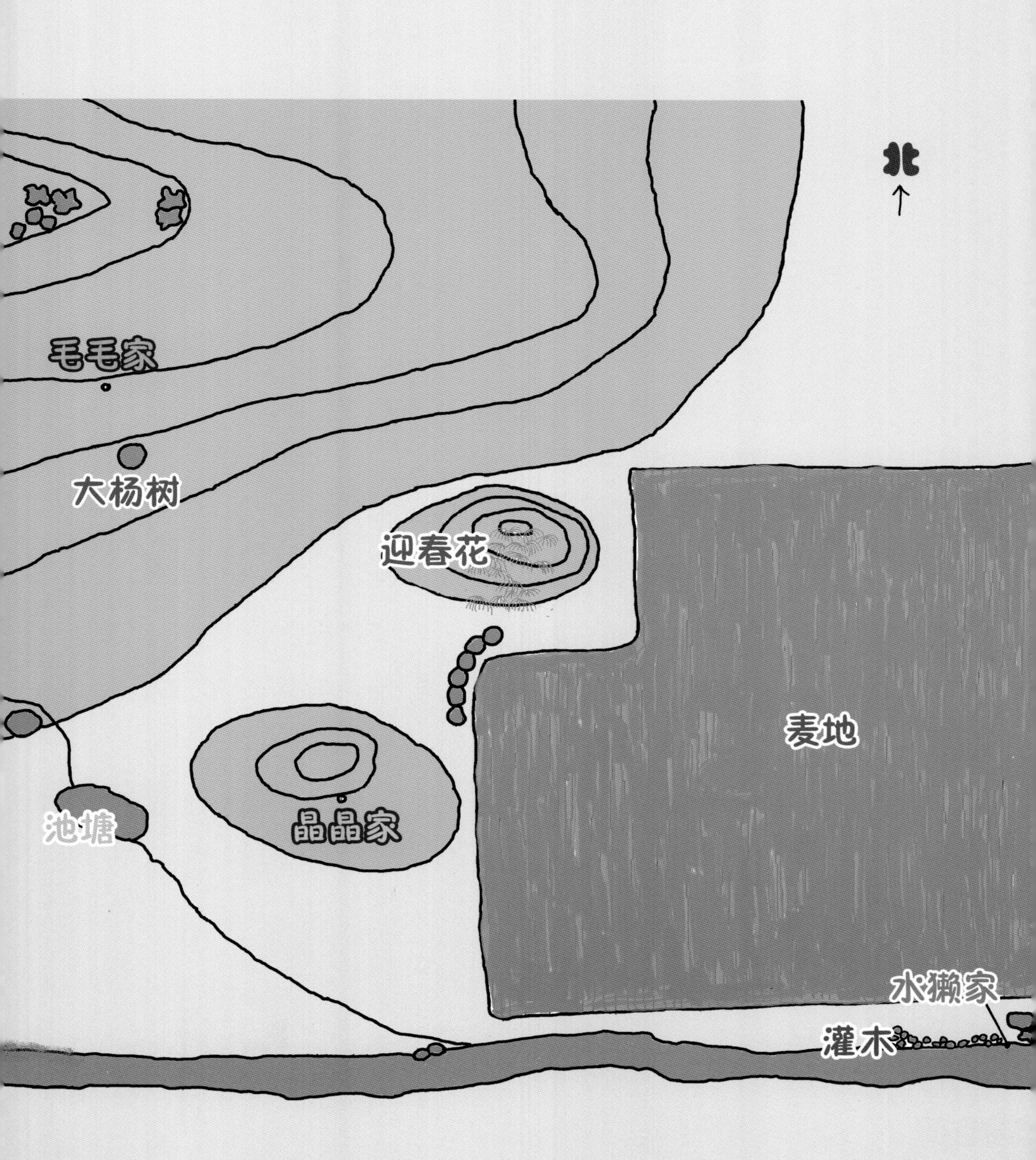

北
毛毛家
大杨树
迎春花
麦地
池塘
晶晶家
水獭家
灌木

序

这是毛毛故事的第二本，上一本讲了“天时”，这一本讲“地利”，就是我们的环境。

古人像动物一样，生活得很“接地气”，我们本土的哲学思想叫“道教”。道士的房子叫“观”，通常建在山上，就是为了观望星星，观看大地。观察之后，道教就对人和自然的关系很感兴趣。一个主张就是“道法自然”，就是说我们的思想路径“道”是建立在对自然的探索研究之上的。符合自然规律的，就是正道。不符合的，就是“邪”。

我们的地球，到目前为止，是我们唯一的家园。大自然破坏了，我们都没有活路。这道理本来很简单，古人就管企图移山的人叫“愚公”，是说这种人不聪明，不自量力。可是愚人一掌握点技术，就往往以为天地之中，他是老大了，可以为所欲为了。结果因为没把大自然弄明白，给环境带来了破坏。

大自然会反击，可能快，也可能很慢，“不是不报，时间没到”。黄鼠狼毛毛和他的好朋友们可等不及了，他们决定自己采取行动，拯救自己的家园。这本书通过小动物的历险给小朋友介绍一些中国古代关于环境保护的简单道理。

邪神来了

邪神来了

春天一个风和日丽的早晨，空气中有点什么不对头。是什么呢？谁也不知道。黄鼠狼毛毛，狐狸晶晶，刺猬莎莎和小蛇彩虹四个好朋友正在大杨树下面商量怎么玩，喜鹊老科飞了下来，小声对他们说："邪神来啦，你们得小心。"要知道老科一般是不会小声说话的，他一般也不会为了说一句话，就从树上飞到地上来。这说明问题很严重。

毛毛正在抠脚指头，他看了老科一眼："邪神？"

晶晶本来也在看毛毛的脚指头，他一脸狐疑地问："是做鞋的吗？"

莎莎想到了好吃的蝎子，她问："是大蝎子王吗？"同时兴奋地搓搓手。

彩虹想到了好玩的鬼故事。她一对眼，一吐舌头，往后一倒，假装吓死了。

老科挨个瞪了他们四个四眼："邪神不是闹着玩的！也不是做鞋的！邪就是不正，就是违反自然。邪神就是邪

恶的妖怪，它有很大魔力，能带来战争、灾难、制造恐怖。”

毛毛问：“战争？谁跟谁打？”

老科皱着眉头：“甭管谁跟谁打，就说你跟晶晶打吧，反正是战争！”

“可是我跟晶晶是好朋友，我们都是好朋友，怎么会打仗呢？”

“你是不想打，可是邪神它就能让你打。邪神就是坏，制造恐怖！”

莎莎小声说：“糟了，我已经恐怖了。那怎么办呢？”

老科严肃地说：“避邪！必须避邪。”

毛毛说：“我知道了，有张天师的咒符，挂起来就行。蝎子就怕张天师。”

可这回老科没那么肯定。他说：“邪神比蝎子厉害多了，大概得用别的避邪方法。”

彩虹忽然说：“我知道怎么避邪，用红颜色可以避邪，咱们得一人系一个红蝴蝶结。”

老科歪着头想了想：“不知道红蝴蝶结管不管用。能避邪的还有貔貅、碧玺。貔貅（pí xiū）是龙和熊猫的儿子，专门避邪的。碧玺是一种玉，又紫又绿，有避邪的作用。”

毛毛慢慢说：“貔貅、碧玺，避邪，屁协吸……哦，皮鞋行吗？”

老科糊涂了，他很快地摇摇头说：“行什么？皮鞋？”

晶晶问：“老科，您见过邪神吗？邪神长什么样，怎么厉害法啊？”

莎莎说：“真是的。长什么样啊？要不我们碰上，都不知道它是邪神。”

老科一愣：“哦，邪神长得又像猫又像鸟。邪吧？！

你说邪神是鸟吧，它还夜里不睡觉，白天睡觉！它不搭鸟窝，住树洞里。邪吧？！而且它的叫声也能把你吓死！”

莎莎听了，有点震惊，往后缩了一点，眼睛都圆了。大家都不再说话，都在想碰见邪神怎么办。老科就飞回到树上去了。

想了一会儿，毛毛立起来说：“走，咱们到山上玩去，还得学二十种花的名字呢！去年大马蜂考咱们，咱们就没及格。该干吗干吗。反正邪神白天睡觉，不碍咱们什么事儿。”

他们在山上见到一棵开蓝花的草。这个花很大，很漂亮。晶晶小心地把它摘下来，准备拿回去问老科这个花的

名字。还有一种爬蔓的大粉花，也很漂亮。这个也摘了，都放在莎莎背上。过一会儿，莎莎就变成一个会走的花篮了。虽然浑身都是花，可是莎莎心里不踏实，看什么都像邪神。啪嗒，一个小树枝断了，莎莎一惊："邪神！"

毛毛说："你别一惊一乍好不好？哪儿有那么多邪神！"

一只布谷鸟从附近飞过："孤不孤独？孤不孤独？"另一只在远处回应他："孤独孤独，孤独孤独。"莎莎跑到一个草丛后面藏起来，鲜花掉了一地。

毛毛说："你干吗呀你？！布谷鸟你又不是不认识，每年春天都来的。"

莎莎说："我以为邪神呢。咱们回家吧，我老提心吊胆的，不好玩了。"

毛毛在一棵桃树下捡了一根小树枝，严肃地递给莎莎："给你一把桃木剑，桃木可以避邪。邪神来了，你就这样拿着，它就逃了。"

"那它要是不逃呢？"彩虹插进来。

"它不逃，你就用这个打它，然后你逃。"

天快黑了，晶晶和彩虹各自回家了。莎莎把摘下来的

花都背到了毛毛家，堆在地上。平常这个时候她会出去找果子和虫子吃，今天她想不好自己是更饿，还是更害怕；是出门好，还是不出门好。毛毛到小池塘去打了一桶水，把花都泡上了，准备明天早上拿着去问老科。莎莎就一直跟在他屁股后面。

天刚黑，有人敲门。毛毛很高兴有客人来，马上把门打开说“请进！”外面站着两只奇怪的大鸟。大圆眼睛，猫耳朵，羽毛蓬松。他俩比毛毛的门还高，进不来，好像也没打算进来。他俩给毛毛鞠了一大躬。个头大一些的猫耳鸟说：“我叫枭枭，他叫呼呼。我们是猫头鹰。”毛毛听见身后莎莎倒吸一口气，小声说：“邪神！”

新朋友

新朋友

猫头鹰没管莎莎说什么，接着说："我们原来住的地方最近来了很多人和大机器，修路，还'开花'。白天晚上都轰轰响，灯火通明，我们没法休息。所以我们搬到这里来。"

毛毛打断她说："我们这儿也开花，每年春天都开。"

枭枭不好意思地微笑了一下："我说错了，不是开花，是开发，就是盖很多很多大房子。我们刚到，特地来拜访邻居。远近不如近近，近……"她看了她朋友呼呼一眼，呼呼眨了眨大眼睛："近，那个，远的不如近的。以后咱们就住得近了。请多关照。"说完他俩又鞠了一大躬。

毛毛听莎莎在身后清楚地说："远亲不如近邻。"

枭枭说："对！是那个树林子。"

莎莎把手中的"桃木剑"递给毛毛。毛毛双手在胸前举着这个树枝子，就像一炷香。枭枭一看，纳闷这是什么礼节，就也站直了，用一个爪子提起她带来的一嘟噜田鼠。

“一点儿小见面礼。请收下。”

毛毛一看，一串五只田鼠！马上觉得很亲切。他伸右手把田鼠接了过来，左手还拿着那根桃木棍。呼呼和枭枭都盯着这根棍子看，毛毛也看着这根棍子，怎么看怎么别扭。人家给了见面礼，咱收了。咱应该也给个见面礼啊，不行就这根棍儿吧。

毛毛伸出手，把桃木树枝递给呼呼。呼呼睁大了眼睛，高兴地说：“魔杖！”

枭枭试探地问：“是给我们的见面礼吗？”

毛毛使劲点点头：“嗯，嗯！”

呼呼伸手把桃木树枝接了过去。他拿着桃木棍，往天上一指，正巧一颗红红的流星在夜幕中斜着飞过。枭枭和莎莎同时惊呼：“哇！魔法！”

见面礼交换完毕。毛毛问：“你们也抓田鼠？”

枭枭很高兴：“是啊！我们一晚上至少抓十只田鼠吃，多的时候能抓五十呢。”

毛毛听了很佩服，他把田鼠交给莎莎拿着：“那你们搬到这儿来了，住哪儿呢？”

呼呼说：“我们得找一个树洞，还没找呢，你们要是知道哪儿有，给我们介绍介绍。”

莎莎这时终于不害怕了，从毛毛身后钻了出来：“柳林那儿那棵大榆树上可能有树洞，不过我没上去过。那棵树大。”

毛毛说：“这是刺猬莎莎，我是黄鼠狼毛毛。我也是抓田鼠的。不过没有你们抓那么多。我一晚上也就抓六七只吧。我们以为你们是邪神呢。”

枭枭说：“邪神？没听说。呼呼，咱们是邪神吗？”

呼呼满脸糊涂，他一眨他的大眼睛，就更显得天真：“邪神？不知道，得回家问问我妈。就知道咱们叫猫头鹰。”

毛毛对呼呼、枭枭说：“那我们明天帮你们去找树洞。明天晚上你们再来，我们带你们去。”

枭枭和呼呼走了以后，毛毛发现莎莎已经把人家送的五只田鼠吃掉了三只。她说她恐怖的时候特别能吃，然后不害怕了以后，一放松，也特别饿。

毛毛原地转了好几个圈：“哦！咱们又多了两个朋友！我喜欢呼呼，他的大眼睛眨得真好看。”

莎莎把最后一根田鼠骨头从嘴里拿出来：“我喜欢枭枭，她的羽毛那么软，多漂亮啊。”

树洞的风水

树洞的风水

毛毛和莎莎见到猫头鹰之后第二天，黄鼠狼毛毛、狐狸晶晶、刺猬莎莎和小蛇彩虹四个好朋友去柳林给猫头鹰枭枭和呼呼找树洞。

晶晶说：“猫头鹰个儿大，树洞也得大。”

莎莎意味深长地说：“而且人家是两个猫头鹰。”

彩虹说：“是吗？他俩是一家儿的？”

毛毛点点头：“嗯，赶明儿还没准有一群小猫头鹰呢。”

彩虹说：“那得多大的树洞啊？！不够一百年的树，咱们就不用看了。就是有树洞也住不下。”

晶晶说：“彩虹，你用你的身体量一量前面那棵大树的树干！”彩虹就过去绕在树干上。晶晶说：“看，这树干周长比彩虹还长一截。毛毛，你上去看看有没有树洞。”毛毛就爬上去看。结果还真有个树洞，就是洞太小了。给毛毛睡觉还差不多，两只猫头鹰装不下。不行，太小了。

彩虹又找到一棵大树，毛毛又爬上去看。晶晶站在地

上已经看到了一个树洞："毛毛，北边！北边有一个大树洞。"

莎莎说："朝北的树洞不行。冬天灌风，夏天灌雨。"

彩虹说："风水不好。"

晶晶问："什么叫风水？"

彩虹说："这就是风水：房子要能挡风，挡水。风如果从北方来，房门就得朝南，那样就暖和，反正得住着好。"

晶晶说："我原来的家风水就不好。风还行，水不好。下大雨就给我淹了。现在住坡上，风水就好了。对咱们小

动物来说，安全最重要。安全也算风水吗？”

彩虹想了想：“只要跟住房有关系，都算风水。不过一开始，就是风和水。所以叫风水。”

一只乌鸦飞过来，落在大石头上：“谁要查风水？我是风水大师。查一个房子两只田鼠。”

晶晶说：“真的啊？您来的真巧。不过我们还没找到合适的树洞呢。等找好了……”

彩虹不高兴地说：“找好了，也不用你。我也懂风水，凭什么给你两只田鼠啊？”

这时候，毛毛在一棵大榆树上喊：“找到了！洞口朝东南；洞口上面还有一个大树枝，正好挡雨；大小也合适。”他爬了好几棵树，爬累了，听说两只田鼠：“给谁田鼠？应该给我田鼠。”

莎莎听见彩虹说风水，也跑过来看怎么回事儿。

乌鸦一看谁也不愿意给她田鼠，黑了脸：“你们小孩子懂什么风水？！风水可复杂了。我是九天玄女，风水就是我发明的。”说着，她闭了眼睛，开始嘟囔：

不看风水　找不着北！

这还不算　你先别美！

不给田鼠　遇见土匪！！

二话不说　切掉你尾！！

不请吃饭　台风来吹！

墙倒屋塌　砸断你腿！！

东南西北　你家闹鬼！！

不查风水　你要后悔！！

晶晶张着嘴，使劲听，没全听懂：“这么严重啊？毛毛，咱俩去抓点田鼠去吧，让九天玄女给查查风水，要不然该闹鬼了。咱们费了半天劲，回头给枭枭他们找了一个闹鬼的树洞，那可不行。”

毛毛在大榆树上喊：“听她瞎说！”

彩虹说：“闹什么鬼？！她就是吓唬人！”

正说着呢，又一只乌鸦来了。他大老远就对“九天玄女”喊：“蛋儿它妈！咱家着火啦！全烧完啦。你快回去看看吧！”

等这第二只乌鸦落了地，莎莎就问："您家在树上，又没有打雷，怎么会着火呢？"

这只乌鸦说："都赖我们这位，成天讲风水，非说我家金木水火土就缺火，得日夜点着一根香。那棵树死了好几年了，都干透了。我早就告诉她，干木头上不能点火。她非不信，说是风水。这回好了，家没了。看你上哪儿烧香去。"

两只乌鸦飞走了。毛毛把她们几个叫到大榆树下，给大家讲他找到的这个好树洞："绝对好风水。"

晶晶说："哦，你也懂风水啊？"

毛毛说："风水有什么，就是盖房子的常识。你也不是不懂。"

晶晶歪着头："可是咱不会说那么多闹鬼的事儿啊。"

莎莎说："你都会说了，就没法唬你了。唬不了你，谁还给她田鼠啊？"

毛毛对他找到的树洞非常满意。他躺在洞口，两脚架起来，一边比画一边说：

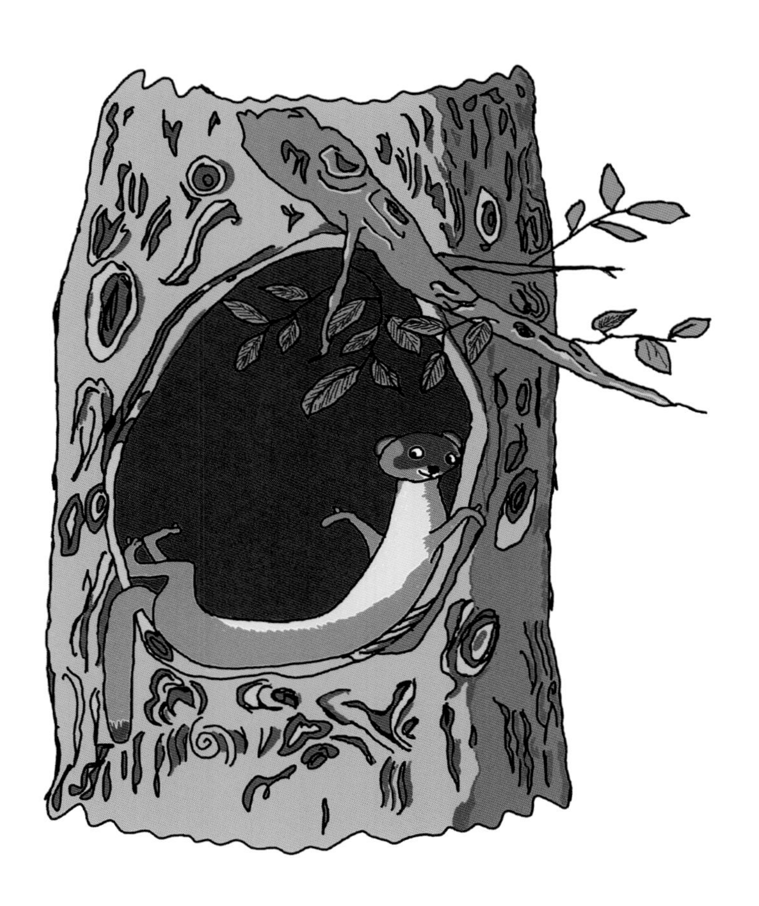

“呱唧里呱，呱唧里呱，

门开朝南，不怕风刮。

住在高处，不怕水大。

风水简单，祖先传下。

呱唧里呱，呱唧里呱，

风水对了，保护我家。

你吓唬我，我不害怕。”

糟糕！ 河水没了

糟糕！河水没了

又一天，毛毛发现河水忽然少了很多。原来长在水里的芦苇都跑到岸上来了。毛毛想下到水边去喝点水，踩了四脚稀泥，抖了半天，抖不掉，觉得很腻歪。他决定不喝水了，先去把这个新闻告诉晶晶和莎莎。

没多会儿，晶晶、莎莎、彩虹和老科就都到河边来了。

莎莎说："河神娘娘瘦了，她大概病了。"

彩虹说："河神娘娘老了，所以她缩小了。"

晶晶说："不知道明天她还会不会长回来。"

毛毛说："水獭他们肯定不高兴，水少了，他们的鱼就少了。"

老科说："我到上游去看看怎么回事儿。下午回来告诉你们。肯定还是有邪神。"说完，他扑棱扑棱翅膀就飞走了。

毛毛看着，叹一口气："看人家能飞多好！咱就不行。咱要想去上游，大概得走好几天。"

莎莎怀疑地说："好几个月？"

彩虹肯定地说："好几年。"

快日落的时候，老科回来了。虽然只走了几个钟头，老科好像老了十年，精神都没有了。他站在大杨树下的大灰石上，看了大家一眼，摇着头，很严肃地说："完了。"

"人类把河神娘娘给圈起来了。他们垒一个大坝，好大好大，好高好高，好几里长的大坝，把水给挡住了。现在上面成了一个湖。刚开始存水，估计咱们的河得干。”

这个消息很惊人，四个朋友都不知道说什么。

过了一会儿，莎莎说：“把河神娘娘圈起来了？她真可怜。”

彩虹说：“咱们应该去救她。咱们都是在这条河边长大的，河神娘娘是咱们的娘娘，咱们应该去把她救出来。”

老科摇了摇头：“没法救。你没看见那个大坝，你看见就知道了，跟山一样，比咱们这个小山头高多了！”

莎莎、毛毛和晶晶同时说：“啊？”

这个春天很干，老不下雨。麦田里的麦子都死了。种地的老爷爷来看过一次。他用一个木棍挖了挖地，看下面有没有湿土，叹了一口气，后来就再也不来了。

一些小动物每天走过干了的河床，到越来越窄的小河边去喝水。另一些小动物改到小池塘去喝水。毛毛发现潜伏在这儿可以抓很多田鼠。可是水少了，草少了，动物也慢慢少了。毛毛高兴不起来。他和莎莎坐在一根倒了的树干旁，默默看着一丛干草。毛毛说：“我作了一首诗：

从前有条河，

她默默流过，

衣服闪着光。

好像很平常。

后来她干了，

大鱼也没了，

动物没水喝，

白鹭也飞了。

我们才知道，

她多不平常。

呜呼，我们多悲伤。

呜呼，呜呼，多悲伤。”

莎莎眼泪掉下来了。她拿手去抹，手也湿了：“这首

诗太湿，你现在真是诗人了。我最喜欢那个‘呜呼’，有呜呼就知道是好诗。”

毛毛、晶晶、莎莎和彩虹跟去年小满一样又求了一次雨，可是这回没有成功。天上根本没云，大概没有云的时候求雨也白求。毛毛希望自己能成精，听说黄鼠狼如果成了精，就有魔法。

晶晶问：“你如果有了魔法，你干什么？”

毛毛说："有了魔法，我先变出点云来，不是一点儿，是变好多好多云，然后再找个魔杖，一挥，就下雨了。"

晶晶说："呵呵，那挺好。"

莎莎说："魔高一尺道高一丈！"

彩虹表示同意："道比魔厉害。"

毛毛说："那我就修道去。"

他们只听说过"修道"这个词，没有人知道这道怎么修。

莎莎说："大概跟修路不一样吧，也不是修地道吧？"

彩虹肯定地："你先得知道'道'是什么，在哪儿，然后你才能去修。"

晶晶说："呵呵，你修了道，就变老道了。"

老科问道

老科问道

河干了，生活整个都变了。从“邪神”到这儿来，到河水干掉只有短短两个月。老科知道自己当初的感觉是有道理的，虽然猫头鹰不一定就是邪神，可是邪神显然是来了。不然河怎么会干呢？老科决定飞上山去找太上老君请教。因为太上老君是道教最大的神仙。如果有邪神，太上老君肯定知道，也肯定能把它拿下。

毛毛当时正在老科窝里躺着，看天上的白云，琢磨这小朵云能不能下雨。

老科说：“我得去找趟太上老君。你知道吗？太上老君是道教的神仙。”

毛毛看着云彩说：“是吗？就是去年你去问立秋什么时间立的那个老君吗？他住哪儿啊？”

老科向天边一指：“那边山上。”

“那你去问他什么啊？”

老科想了想：“我去问他道。”

“去哪儿的道儿啊？”

“不是那个道。咳，你不懂啊。这个道可深了。”

毛毛忽然坐起来：“是那个修道的道吗？我也要去问。”

老科说：“好远了，我没法带你去。”

毛毛说：“那你回来告诉我啊！我要修道！”

老科飞走了。

老科到了山上，太上老君正在打太极拳。

“呃，呃，太上老君，我有事向您请教。”

太上老君一看，又是这只鸟：“又是你！告诉你别站在我的天象仪上面拉屎！铜都生锈了。你要问什么？”

“呃，我想问，关于我们那条河干了的事儿。”

太上老君不高兴：“河的事儿问河神去！”

老科想，不能就这样被噎回去：“太上老君，我还有问题请教。”

“说！”

“这个，我想请教这个‘道’是什么。”

太上老君打量了老科一下，难得一只鸟问出这么大一个题目来。他不知道这鸟原来是学校老师。太上老君不想跟这只老来拉屎的鸟多费口舌，心想，反正我说多了你也不懂。就简单地说了四个字：“道法自然。啊，道法自然。”

没想到老科稍微想了一下，就说：“道就是自然规律，是吗？”

太上老君说：“哈，林子大了，什么鸟都有啊？”

老科心想，哼，你小看我。要不是因为你是神仙，有法力帮助我们，我才不来跟你猜谜语玩。你拿出撒手锏来，把那座大坝给我们劈了不就完了？真绕。可是跟神仙说话还是小心为妙。他说：“本来那河是符合自然规律的，现

在这个大坝就好比一棵树，树根在上面，树叶在下面了。我们应该怎么办呢？”

太上老君看穿了老科的心思：“啊，是想叫我去给他们拆大坝。甭想！那多累啊。”他笑眯眯地说：“违反自然的东西，自有自然去解决它。不用我操心。”

老科想：神仙就是这点讨厌，他们住山顶上，只要他们这儿不受影响，他们就不帮助我们。自私！

傍晚老科回到家，毛毛又爬到树上来“老科，你问道了吗？太上老君说什么呢？”

“他说‘道法自然’。意思就是‘道’啊，就是顺从自然规律。他还说违反自然的东西，自有自然去解决它。”

毛毛想了半天：“哦。就这么简单？道就是顺从自然规律？那天黑了，我困了就应该去睡觉，这也算修道吗？”

老科说：“没错！晚上睡觉绝对是修道。像猫头鹰那样成宿成宿地干瞪眼不睡觉，那是不对的，修不成道。别看他俩长得跟教授似的，修不成道。你我都去各自床上修道去吧！”

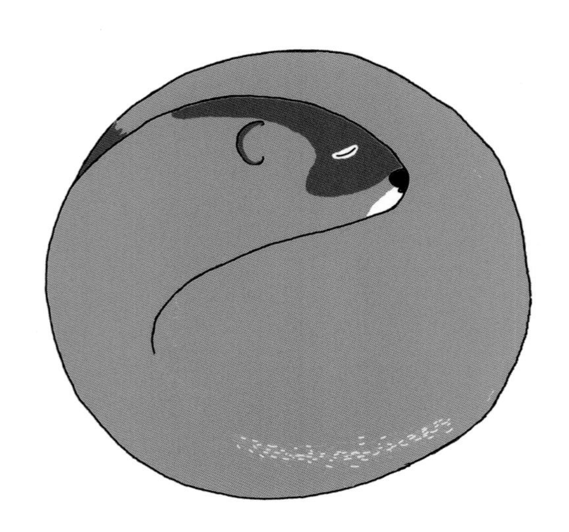

非常不妙

非常不妙

水少了，鱼也少了。有一天，水獭爸爸费了半天工夫才抓了五条鱼，其中还有一条是死的。要在过去，死鱼他根本不会吃，都是直接扔到岸上给虫子吃。可是现在，连吃的都快没了就不能挑肥拣瘦啦。他决定把四条活鱼给自己今年新添的四个小宝宝吃，自己吃那条死鱼。

自从吃了那条死鱼，水獭爸爸就病了，一天天瘦下去，没了力气，也不能再下河去抓鱼。好在他的大儿子们，也就是毛毛和晶晶的干儿子们现在都是大小伙子了，给爸爸和小弟弟妹妹抓鱼的事儿就归他们了。

又过了几天，大河缩成了一个小水沟，水獭爸爸也感觉自己要死了。他把五个大儿子叫来，他瘦得皮包骨头，他们都不敢正眼看他。

“孩子们，这儿没法活了，到上游去吧。年轻水獭四海为家。以后大坝垮了，大河回到这儿来，你们可以游回来看看你们长大的地方。我是哪儿也去不了了。我死了，

把我埋了，你们就上路吧。带上弟弟妹妹，有难事儿，两个干爹会帮忙。”

老二问：“爸，大坝会垮吗？老科说那大坝可结实了。”老水獭露出一点微笑：“再结实的大坝如果不符合自然规律，也会垮掉。”这就是他最后的话。

五个水獭兄弟把爸爸埋了。他们决定马上去河的上游，但走之前他们得先去跟晶晶和毛毛两个干爹告别，也算是和这片熟悉的土地告别吧。谁知道这一走，还能不能回来呢？

晶晶和毛毛听说水獭爸爸死了，都很伤心。毛毛说："我们跟你爸是好朋友，他给我们抓了很多鱼。"

晶晶问："你们去上游路很远，一路上没有鱼，吃什么呢？"

小水獭不作声，肚子已经饿得咕咕叫。

毛毛说："晶晶，咱俩跟他们一起走吧，正好我也想去看看大坝。咱俩可以路上帮他们抓田鼠。"他问小水獭："吃田鼠，行吗？"

小水獭都使劲点头。

晶晶说："好！等会儿，我先去告诉呼呼和枭枭一声。请他俩每天帮忙送几只田鼠来，要不咱们顾了打猎顾不了走路。没等走到，就都饿死了。"

这一路艰苦之极。水獭不善于走路，四个小娃娃更是拖拖拉拉。为了给小水獭鼓劲，毛毛作了一个顺口溜：

小水獭，快点爬。

趿拉，趿拉，趿拉趿拉趿拉！

前面水库有鱼虾。

趿拉，趿拉，趿拉趿拉趿拉！

大鱼掀水花，小鱼往深扎，

趿拉，趿拉，趿拉趿拉趿拉！

它们很狡猾，我们可不怕，

趿拉，趿拉，趿拉趿拉趿拉！

我们是抓鱼的小专家，

趿拉，趿拉，趿拉趿趿拉拉！

没发明这首诗以前，小水獭经常掉队，走着走着，就发现少了一只小水獭，毛毛就返回去找。有时到天黑了停下来吃田鼠时才发现小水獭又少了一只，只好请呼呼枭枭回去找。发明了这首诗以后，小水獭就不再掉队了。

他们走了十天。最后离大坝只有一天路程了，呼呼说："我跟枭枭干脆把小弟弟妹妹先运过去，放水库边上吧。别让他们自己趿拉了，看小爪子都趿拉流血了。"

这样他俩飞了两趟，把四个小水獭都运过去了。告诉他们别走散了，在水库边上抓鱼吃。

毛毛、晶晶和五个水獭干儿子走着走着远远就看见大坝了：像一堵墙立在天边。那么高大，那么平整，跟大自然任何东西都不一样，可怕极了。离大坝越近，他们越得仰头看才能看到坝顶。

晶晶说："我觉得不妙。"

毛毛说："嗯。非常不妙。"

晶晶说："不像是土堆的，刨不动。"

毛毛说："嗯。不是木头的，咬不动。"

等他们爬到了大坝上面，小水獭跟他们说了再见，就

都跳进水里，沿着水库边去找他们的小弟弟妹妹了。

毛毛用爪子抓了抓水泥地面，连个白印儿都留不下来。“什么石头，这么硬？还是一整张的？”

晶晶跑了几步，仔细看脚底下：“嘿，这儿有小裂缝！不是石头。”

毛毛四周一看：“快过来，那边来人了。这坝顶上还有人看着呢。看来他们也怕河神娘娘跑了。”

从大坝回家，毛毛和晶晶没有水獭拖后腿了，所以只走了三天。路上碰见另一家水獭，也是准备搬家的。他们

没有人帮忙抓田鼠，也没人教他们唱跶拉跶拉歌，走得很辛苦。还有一窝兔子，也往水库那边跑。说是河干了以后，草不好了。她们听说水库边草会好一些，所以过去看看。

怎么救河神娘娘

怎么救河神娘娘

回到家，毛毛和晶晶就叫上莎莎和彩虹去找老科商量解救河神娘娘的事儿。

毛毛说："那座大坝确实没法破，那可真结实。"

晶晶说："那可真大。"

毛毛问："老科，有没有办法不破坏大坝把河神娘娘救出来？"

老科摇摇头。

莎莎说："咱们请大獾去坝上打洞吧！"

晶晶摇摇头。

彩虹说："咱们请大象去坝上打洞吧！"

莎莎说："你想象力真丰富！上哪儿找大象去啊，啊？再说大象也不打洞啊，你以为是大老鼠哪？"

老科不说话，一直在使劲想。他记得脑子里过去学的文章里面有一句话是关于破坏大坝的，可是怎么也想不起来了，好像是"千"字打头。他拿脚挠挠后脑勺，挠下来两片羽毛，再挠挠，又飞下来三片羽毛。

莎莎担心地捂着嘴小声跟毛毛说："再挠他头该秃了。"

"千尺""千丈""千里"，"千里坝""千里大坝"老科转着头，一个一个试，"千里之坝"。

"不是。"老科摇摇头，"千里之，之，之，之，"他每说一个"之"脖子就往下探一点，现在嘴快到地上了。

四个朋友恭恭敬敬地看着这个痛苦的回忆过程。

老科终于站直了，伸出一个手指："之堤！千里之堤！"

四个朋友都松了口气，耐心地等着他说下一句。

“叫千里之堤，溃于蚁盾。不是蚁盾，是蚁穴，溃于蚁穴。”老科终于想起来了，很得意。

等了一会儿，毛毛小声问：“什么意思啊？”

老科仰起头，然后猛然点下来：“就是蚂蚁窝。蚁穴就是蚂蚁窝。千里之堤就是很大很大的大坝，溃就是垮了，塌了。怎么垮的呢？就是因为蚂蚁窝。”

毛毛这些天一直在想什么是“道”，怎么“修道”，“道”到底怎么能帮助他们战胜大坝，老科这么一讲，他全明白了。他兴奋得嗖一声上了树：“这就是太上老君说的‘违反自然的东西，自有自然去解决它’，是吗？蚂蚁窝就是‘自然’吗？”

老科点点头：“对！这就是道！魔高一尺，道高一丈！”

毛毛看看晶晶：“那咱们还得回去，到大坝那儿去抓几个蚂蚁，让它们给咱们在大坝上做窝。”

晶晶满脸狐疑：“蚂蚁能干吗？在大坝上吃什么啊？再说那石头那么硬，他们挖得进去吗？”

莎莎说：“那得跟人家好好说。”

老科说：“蚂蚁很讲礼节。你们不懂礼节，跟它们说不上话。”

晶晶说：“我们也很礼貌。您教给我们它们都行什么

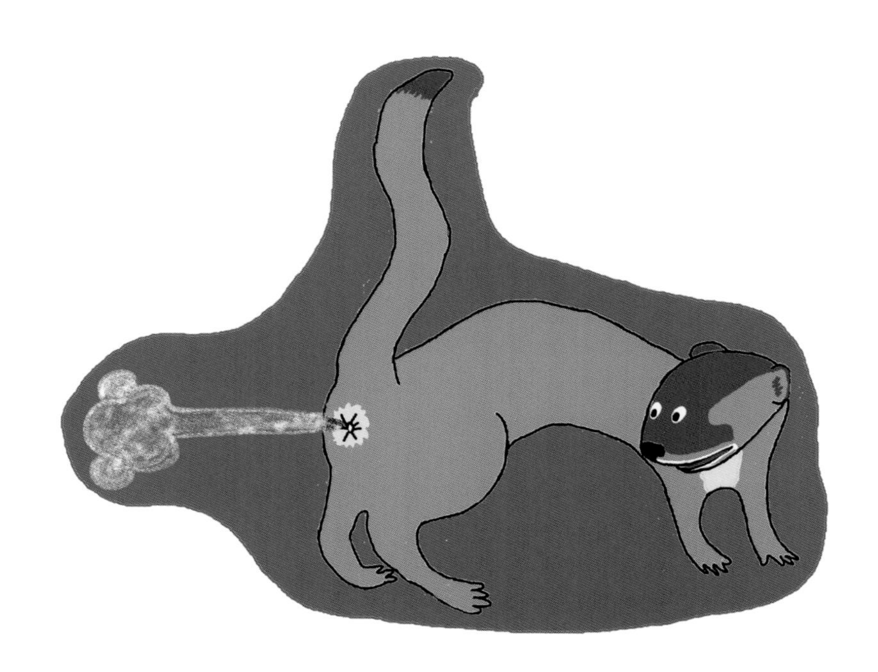

样的礼，我们可以学。”说着他把一只爪子伸出去，行了一个优雅的礼。

毛毛还是不相信蚂蚁能有什么本事，小声嘟囔说：“一只蚂蚁，我给它行个屁礼！”

老科瞪了瞪他：“蚂蚁国是等级社会。女王、兵蚁、工蚁，身份都不一样。身份低的见着身份高的就得服从。咱们讲究平等，所以没那么多礼节。你觉得你是个自由的黄鼠狼，她是个自由的刺猬，大家都平等。可蚂蚁女王她不懂这个。在她看来，你如果不是女王，你就狗屁不是。所以你如果说‘女王你好，我是毛毛’，她就会翘起她的小鼻子，就像看见一块屎一样，根本不会跟你说话。她如果跟你说话了，她就丢脸了。女王哪能跟一团屎说话呢？”

大家都没有说话，想象自己看见一块屎时候的反应；然后皱起眉头认真想这该怎么办。

毛毛继续嘟囔：“明明是她弱智，咱们还得将就她。”

莎莎重复说：“将就她，将就她，将就她。”后来一想，“对呀！咱们就将就她：咱们也扮演一个女王去跟她谈。”

老科指着莎莎：“聪明！”

晶晶说："对！她谱儿大，咱们的女王比她谱儿还大。这样她就好商量了。"

彩虹说："我当女王！我会！晶晶，你给我当马。毛毛，你给我当佣人。莎莎，你给我当女佣人。我不让你们说话，你们谁也别出声。当女王我天生的，我太知道怎么当女王了。"

于是他们商量好了怎么扮演一个小动物国的女王和三名随从。

女王会谈

女王会谈

四个朋友在家休息了两天，吃饱了喝足了，然后就一起上路了。晶晶有时候背着彩虹，有时候背着莎莎，好走得快一点。他们五天就走到了大坝。

在大坝附近，他们找到了一个蚂蚁窝。彩虹盘在晶晶背上，晶晶很乖地把下巴放在地上。莎莎找了只蚂蚁，用手捧起来，一本正经地对它说："小动物国女王求见蚂蚁国女王，请你传个话。"

过了一会儿，蚂蚁国女王坐在一朵小花上被一群蚂蚁抬着，从蚂蚁窝里出来了。

蚂蚁女王说："我是伟大的蚂蚁国女王。你是谁？"

彩虹说："我是小动物国的女王。我给你带来礼物，希望跟你做好朋友。希望蚂蚁国帮助我们。"她说完，头一摆叫毛毛把一个充满蜂蜜的整个蜂窝摆到蚂蚁女王面前。

女王凑近了好好看了看，尝了尝，嘴都粘住了，好久没说话，只是发出"嗯呐姆"之类的声音，好像很满意。

她咂巴咂巴嘴："我接受你的珍贵礼物。之乎者也。我们两国可以做朋友。之乎者也。"

她对手下的工蚁挥挥手："搬下去！"所有的工蚁都拥向蜂窝，一人一角，把蜂窝抬起来往蚂蚁窝挪去。

女王总说"之乎者也"，因为她听说这是古文，这样说表示自己懂得很深的学问。彩虹没学过"之乎者也"，她想这一定是蚂蚁话，用在句子最后的。她想最好就是照猫画虎。

"我很高兴你满意。知姑者也。蚂蚁国是最伟大、最强大的国家。所以我们小动物国需要蚂蚁国的帮助。知姑者也！”

蚂蚁女王很得意：“是啊！我们最强大。没有什么我们不能做到的。我们有最好的女王，最好的组织，最好的女王！最好的纪律，最好的女王！最好的技术，最好的女王！之乎者也。”

所有的蚂蚁都高呼：“最好的女王！”

女王说：“说吧！你国有什么敌人，需要我们去攻打？我们天下无敌。之乎者也。”

彩虹说：“我们的敌人不是大动物，也不是昆虫，而是那边那个巨大的水坝。水坝挡住了我们的河，毁掉了我们的家乡。只有你的蚂蚁国能把大坝破坏，让河神娘娘回到我们家乡！知姑者也。”

女王得意地说：“没问题！”她打了个响指，“工兵团长！毁了那座坝需要多长时间？”

工兵团长是一只

很黑的小蚂蚁，他屁颠屁颠地跑过来：“报告女王，毁了那座坝需要三个月。如果加急，一个月也行。”

女王不耐烦地喊道：“当然要加急。还用说吗？！限你一个月把那大坝挖穿。一个月大坝不坏，你们统统砍头！”

所有的蚂蚁好像都爱听女王说“砍头”，好像砍的都是别人的头。它们欢呼：“统统砍头！”

毛毛吓得每一根毛都竖起来了。可他觉得这么大的大坝，这帮喜欢砍头的疯子要一个月就破坏了它，有点难相信。他凑近彩虹，使劲小声说：“问她怎么破坏！有什么秘密武器！”

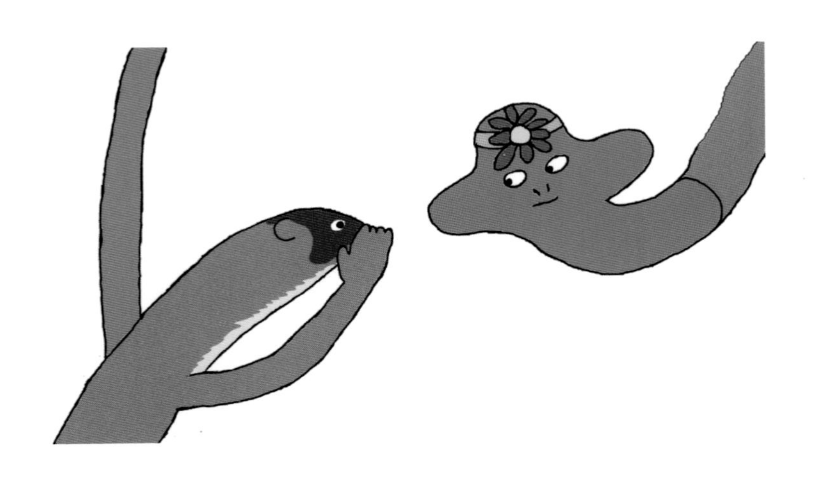

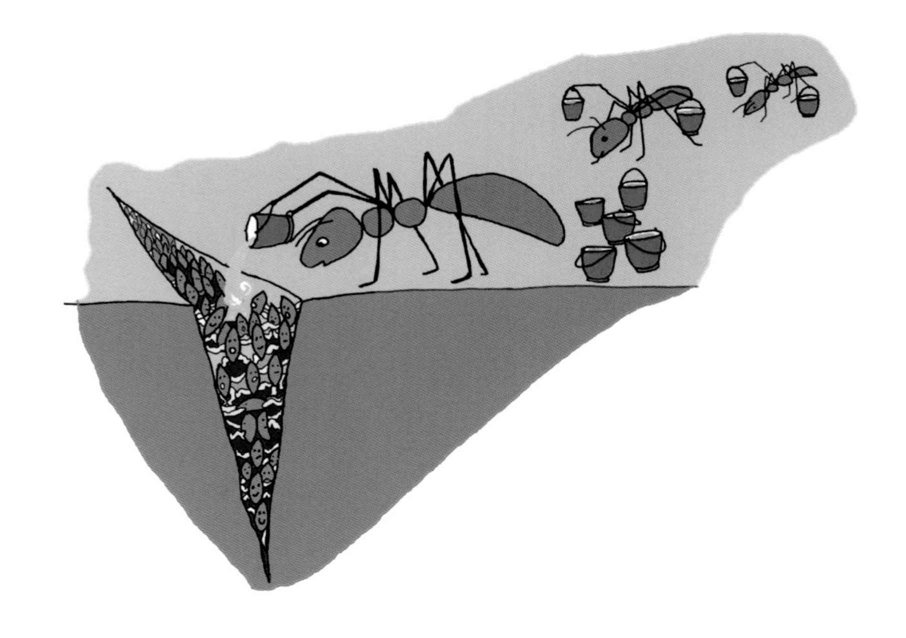

彩虹说："女王，你们用什么样的秘密武器能够这么快就破坏这么大一座坝呢？"

女王非常喜欢"秘密武器"这样的话。她搓搓手："秘密武器！之乎者也！哈！我们有高超的秘密武器！工兵团长！讲秘密武器！之乎者也！"

工兵团长像背书一样很快地说："第一步，在大坝两侧，把很多柳树籽塞进大坝表面的水泥缝里，让工兵日夜浇水，保证每一粒种子都发芽。种子一发芽力量很大，就把水泥缝撑大了，一直裂到大坝芯里的土层。第二步，工兵顺着裂缝挖进去，跟对面挖过来的通道对接。有十条这样的通道，大坝就会开始渗水。先小渗，然后大渗，然后大漏。不出三天，就会整个垮掉。女王万岁！”

毛毛真没想到蚂蚁国这样高明，还会利用植物种子，他惊讶极了，忍不住感叹了一声：“哇！”女王瞪了他一眼。毛毛知道自己是扮演一团屎，不应该出声的，就马上说：“女王万岁！万万岁！”

女王吃了一惊，她皱起眉头，仔细看了看这个乱说话的黄毛动物。不过她挺喜欢这个“万岁，还万万岁”的。她下面的蚂蚁从来没说过“万万岁”。她决定从今以后，它们都必须加上这句话。不然就统统砍头。

扮演完女王，彩虹就落下毛病了。回家路上她非常兴奋地重复自己跟蚂蚁女王都说了什么，并且拒绝自己走路：“我是女王。我不能自己走路。晶晶你背着我！”

“晶晶你好好走！别一跳一跳的，回头把我摔下去！”

“毛毛你给我抓个田鼠去。女王饿了！知姑者也！”

莎莎腿短，跟着毛毛和晶晶走本来就很费劲，听彩虹不停地发号施令更让她头痛。她不耐烦地说："彩虹！你不是女王。你知姑什么呀你？！这儿没人跟你知姑。你那是扮演女王，现在戏演完了，醒醒吧！下来自己走路！"

"那我还累着呢！要不是我，咱们跟蚂蚁根本不能谈判成功！"

莎莎说："那不一定。演女王谁不会演啊？看你没别的本事，才让你去演的。下来！"

彩虹说："那我肚子疼！哎哟！我肚子疼。"

晶晶一直很好脾气，一路背着彩虹。后来彩虹用尾巴拍他头，不巧碰了他眼睛，晶晶才生气了。一弓背，把彩虹扔地上了："自己走路！我不背了。"

彩虹一噘嘴："哼，那我不走了。"

毛毛说："你爱走不走，我们反正走了，在家等你啊。"

莎莎抿嘴一笑："拜拜！"

剩下的路，晶晶、毛毛和莎莎走得比较轻松。想到再过一个月，大坝就垮了，河神娘娘就回到他们家乡了，大家都高兴起来。

毛毛编了个顺口溜，他们三个一边念一边走是这样的：

彩虹耍赖，

晶晶说‘不’。

‘自己走路！’

者也知姑。

者也者也者也者也，

者你个大蜘蛛。

说“者也者也者也者也”的时候屁股要左右扭动，这首胡说八道的顺口溜让他们非常快乐。

发大水

发大水

到了家，毛毛就在年历上做了记号。他们跟蚂蚁谈判应该是5月21日小满那天，那么一个月就是6月20号夏至前后。他每过一天就涂掉一天。到了6月10号了，毛毛开始担心大坝垮了会怎么样，会一下子下来很多水吗？

毛毛去问老科："老科，大坝垮了会一下子来很多水吗？"

老科点点头："会发大水。跟一堵墙一样，水呼一下

就过来了，然后树就倒了，房就塌了，水还带着很多木头、石头、垃圾，一下子砸过来。非常危险。”

“哇！老科，你见过发大水吗？”

老科歪了歪头：“真正的大水没见过。我见过那种春天因为冰化了发的大水，也就淹到小池塘那儿吧。”

停了一下，他又说：“就那，也挺厉害的。小动物如果不跑开，就淹死了。”

毛毛说：“那咱们最好提前搬山上住去。我找晶晶商量商量去。”

老科说：“你最好请呼呼和枭枭每天夜里去大坝那儿看看，看有没有开始漏。我白天有功夫也可以去。”

自从河干了，两只猫头鹰帮大家不少忙，老科不再提呼呼和枭枭是邪神的事儿了，不过他私下里还是觉得他们不像正经鸟，自己不愿意直接去找他们。

毛毛很喜欢呼呼和枭枭。他说：“好！我跟晶晶一块去找他们。”

老科最近每天到太上老君那里去，因为上次去“问道”

他看见太上老君脖子上带着个银项链，上面挂的是一个圆圈，里面两条鱼。老科一看见闪亮的东西就容易眼睛发直，总想把它偷过来，放在自己窝里面，在孤独的晚上让这两条晶莹的小鱼陪伴自己。可惜太上老君从来不把这个项链从脖子上取下来。

太上老君看老科对“道”好像很感兴趣，就每天给老科上课。

“那垒个大坝挡住河水是好事呢？还是坏事呢？”老科问。

可是“道”是玄妙的。它就像一条泥鳅，滑得你怎么也捏不住。太上老君说：“好事也会变成坏事，坏事也会变好事的。”

在老科看来，这就等于说：“你也可以吃饭，也可以吃屎，都是一样的。”所以上完课老科就完全糊涂了。他把去大坝的事儿全忘脑后了。

6 月 12 日这天，就在老科在太上老君面前做白日梦的时候，大坝开始渗水了。坝壁上出现了一小块湿。

到了夜里，坝壁上有了四小块湿的地方，白天开始渗的地方现在已经有水往下流了。呼呼和枭枭来了，他们展开大翅膀沿着坝壁掠过，捕捉这黑暗里所有细微的声音。可是水滴不像田鼠，没有田鼠奔跑的声音，他俩没有看见渗水的地方。

第二天，大坝壁上有八个地方流水，另外还有两个地方渗水。老科又没有来视察。

第二天晚上，呼呼和枭枭刚飞近大坝，就听见哗哗的流水声和很多人嚷嚷的声音。他们在大坝上说：“不行啦！

堵不住啦！”还有“快崩啦！跑吧！再不跑来不及啦！”然后这些人就扔下手里的工具往大坝两头跑去。

这时一丝风也没有，可是坝里的水面忽然冒出一个巨大的水柱。呼呼没有想到水会自己跳起来这么高，他差点一头撞上。水柱落下去，接着又更高地跳起来。这回呼呼和枭枭都看清楚了：原来是河神娘娘！她伸出双臂，掀起无数巨浪；转着圆圈，用力把水波一圈圈推出去，像一个发脾气的小孩，在澡盆里兴风作浪。咚咚咚！水拍在大坝上的声音。轰隆轰隆，大坝骨架松动的声音。虽然大坝是蚂蚁挖穿的，可最后推倒还得河神娘娘自己使劲！

呼呼和臬臬见娘娘发威了，吓得差点儿掉水里，这可跟她们以前熟悉的那条安静的河太不一样了。

还是臬臬先反应过来："快飞回去发警报吧！要发大水啦！"

他俩就从大坝沿着干河床拼命往回飞，一边飞一边大叫："大坝要崩啦！发大水啦！快爬山！"

猫头鹰的警报声在黑夜的河谷响起，那么尖锐紧迫，非常吓人，就连睡得最熟的小动物都被叫醒了。它们坐起来，揉揉眼睛：“什么？发大水了？快逃命吧！”

呼呼和枭枭飞到半路，就听身后轰隆一声巨响，然后就是万马奔腾的声音：哗——。她们不用回头看就知道：洪水卷着石头、树木、所有的一切，过来了！

河神娘娘自由了。发大水了。

毛毛、晶晶和莎莎同时被猫头鹰的警报声惊醒，同时从他们的洞口探头出来，彼此一看：“发大水啦。快跑！”

晶晶说：“毛毛你和莎莎先往山上跑。我去找彩虹。”

彩虹自从回到家，就没怎么跟他们玩。最近几天就待在一棵树上，成天也不下来。晶晶怀疑她是不是病了。他跑到那棵树下，仰头叫彩虹：“彩虹，快下来！我背你上山去，要发大水啦！彩虹！你是聋啦还是哑啦？”

彩虹没反应。晶晶不会爬树，在树下急得不行。围着树绕了好几圈，彩虹还是没动静，晶晶只好去找老科：“老科！发大水啦，咱们都得赶紧上山。彩虹在树上不下来，

你能把她扔下来吗？”

老科说：“没问题。”就飞过去看彩虹，“她要蜕皮啦。怪不得这么大动静她都没反应呢。她都绕这树枝上了，还不好摘下来呢！”

这时候洪水的声音已经可以清楚听到了。晶晶吓得发抖。老科说：“你先跑吧，我在这儿看着，她在树上，水应该冲不到这儿。”

晶晶说：“那不行。我不能把她留在这儿。你还是花点力气把她摘下来吧！”

老科敲敲彩虹的头，老皮翘起来了，一拽，彩虹头上的蛇皮被剥下来了。再一拽，上半身的皮也一点一点下来了。老科扔下来，晶晶咬住了使劲往后拽。彩虹没掉下来，她的旧皮整个被晶晶拽下来了。她终于醒了，四周看了一眼："天还黑着哪，谁半夜来拽我啊？"

晶晶说："发大水了，老科和我来救你。快下来！"

彩虹朝洪水的方向看了一眼，立刻从树上溜了下来，两秒钟就缠到晶晶身上了："快跑！女王忠实的老马。"

晶晶心想："谁是你忠实的老马啊？"但逃命要紧，他没顾上说话。

晶晶一路狂跑，洪水在身后猛追。晶晶不敢回头，彩虹可一直在往后看，不停地惊叫："噢！来啦！噢！大树

都冲倒了！快跑！晶晶！咱俩今天死定了！”

忽然，晶晶被洪水追上了，抬起来了。水使劲把他往前推，他俩就像坐在没有闸的车上走下坡路，也不知自己会撞到什么东西上。前方来了一棵树，晶晶和彩虹一起尖叫。还好，没撞上，松一口气。彩虹突然探出去，挽住那棵树，缠上了。她把自己和晶晶绑在树上。现在不是晶晶救彩虹了，变成彩虹救晶晶了。她碰碰晶晶的鼻子：“放心吧，现在没危险了。晶晶，有我在，你不用害怕。你看到我这一身新皮了吗？颜色多鲜艳啊！”

毛毛和莎莎一起跑，跑两步，毛毛就站住等莎莎，同时回头看看水到哪儿了。莎莎跑得喘不上气来：“你，你，先跑吧，别等我了。我没气儿了。”

毛毛说：“不行，咱俩在一起还能互相照应。”

洪水追上来了。“噢！”莎莎说，“啊！”毛毛说，他俩被水冲着像坐过山车。莎莎在水上漂着像个毛栗子，她往前一看：“毛毛，不好！前面有漩涡！咱们往左边游！”

毛毛和莎莎拼命往左游，可是还是被漩涡卷得越来越近，到了漩涡边上了。毛毛用力把莎莎往外一推，莎莎身上的刺把他的手扎了好几个洞："噢！你扎我！"

莎莎被推出去了，毛毛消失在漩涡里。

漩涡把毛毛吸到很深的地方。水里有很多泥沙，黑夜里又没有亮光，什么也看不见。毛毛想，这回真要死了。道也没修成，也没成精。然后他就看见了一张脸。这是一张女人的脸，很安静，很慈祥。

毛毛心里暖暖的，他心想："妈妈？"

女人微微笑："我怎么会是你的妈妈？你不认得自己

的妈妈吗？你妈是一只黄鼠狼。”

“我很小很小的时候就没有妈妈了。我不记得她的样子。”

女人温柔地说：“你们住的房子翻建的时候，你妈受了很重的伤。你们兄弟都太小，她没有办法再照顾你们了。她就半夜里把你托付给喜鹊老科了。”

女人的声音很平静，像流水，好像生活就是这样，有受伤，有离散，有托付。

毛毛想，啊，是这样。原来是老科养大了我。可是你怎么什么都知道呢？

女人的眼睛笑眯眯：“小傻子，我是你的河啊。你不是要我回来吗？我来了。你我都是大自然的一部分。你们救了我，我也不能让你们有危险。”说着她用一只巨浪般的手把毛毛从深水里托了出来，放在山坡上。毛毛咳嗽了半天，把气管里的水都咳出来了，往旁边一看，洪水退了，莎莎正朝他跑来。

莎莎说：“毛毛！我以为你一定淹死了呢！你没事儿太好了！要不是你推了我一把，我就掉漩涡里淹死了。”

毛毛说：“我看见河神娘娘了。她救了我。”

莎莎问：“河神娘娘特漂亮吧？”

毛毛想不起来：“当时很黑。看不清楚。”

“那她说什么？”

“她告诉我，我妈是一只黄鼠狼。”

莎莎看着毛毛，不知道该说什么：“你妈是一只黄鼠狼？”

毛毛严肃地点点头。

毛毛练功

毛毛练功

洪水过去满地都是泥和垃圾。毛毛他们的家也都塌了，什么被褥啦、锅碗啦、纸笔啦，也都没了。洞得挖新的，东西也得一点一点置了。

呼呼和枭枭的大榆树虽然离河床最近，可是没有倒。原因是这树太大了，它的树根也很深。可是呼呼和枭枭总是感激地说："亏得毛毛他们找的树洞风水好，所以这次发大水没有事儿。"

老科的大杨树还好，没倒，但是让水冲歪了。从今往后树得歪着长了，老科把老窝扶正了，加了加固。毛毛上树去帮他搞的。因为毛毛忽然发现老科等于是他的干爹，这个喜鹊窝其实就是他小时候的家啦。

种麦子的老爷爷回来种了冬小麦。种瓜的老爷爷回来看了看，种瓜是来不及了，他就种了一地白薯，这样上冻之前还能有收获。

除了挖新的洞做窝，晶晶又开始挖地窖，准备储存兔

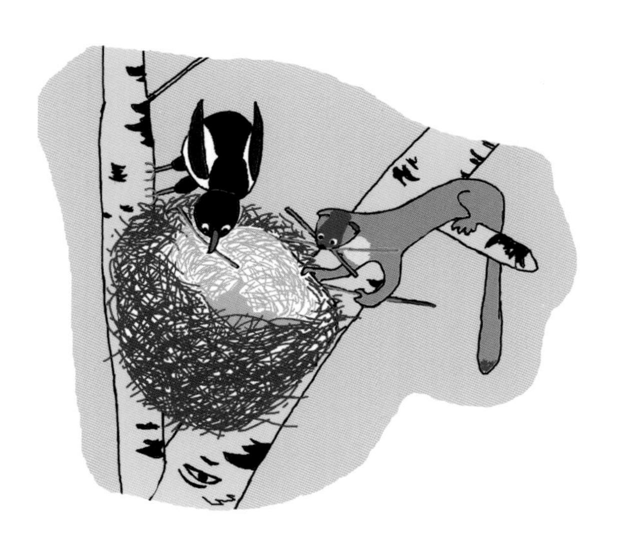

子肉。

大坝的问题解决了，洪水也过去了。老科决定不再去太上老君那儿去听讲了，可是毛毛还没忘了修道的事儿。

“老科，我每天晚上睡觉，白天抓田鼠，吃田鼠，符合自然规律。可是这不是跟所有的动物一样吗？这么修道肯定不够。这道还应该怎么修呢？”

老科认真想了想，他从太上老君那里学的道有什么适合教给毛毛的。他点点头：“嗯。现在你可以练天人合一功了。”

毛毛兴奋地问：“天人合一功怎么练？”

老科说："天就是大自然，人就是你自己，天人合一就是你和大自然融为一体。"

毛毛问："怎么融呢？"

"怎么融啊？第一得静下来，别动，最好找个地方让别人看不见你。第二，观察，眼观六路耳听八方，啊。看大自然，从一粒沙到一块云，都在干什么。等你都看清楚了，都听明白了，你就融为一体了。"

第二天天一亮，毛毛就兴冲冲地去练天人合一功。他先找了一块大石头，躲在后面。他想静下来，可是肚子饿，肠子总咕咕响。这不行，不静。他就先去抓了只田鼠，吃了，然后再来坐在石头后面。

石头后面能看到的大自然不太多，毛毛决定坐在石头前面，这样可以看见很大一块地方，有草、有树、有虫。可是这块石头是灰色的，毛毛是黄色的。他觉得自己没有"融为一体"。他就去找了一棵槐树，觉得这棵树的树皮跟自己的颜色差不多。如果自己不动，别人可能看不见自己。

他在大槐树前面坐了一会儿，看了看云彩，云彩不动，不知道它们要干什么。他看了看面前的土块，土块不动，不知道它要干什么。这时来了一只田鼠，它没发现毛毛，因为毛毛一动不动，好像榆树的一部分。毛毛心想，我知道这家伙要干什么，它在找吃的。

毛毛想起前一年小寒那天他被夹子夹住差点没死那回，田鼠以为他死了，就走到他身边来了。毛毛决定这回也不动，看这田鼠究竟能走多近。田鼠一点一点走近了，它还是没有发现毛毛。等它的胡须几乎要擦过毛毛的身体的时候，毛毛终于忍不住了，一伸脖就咬住了它的喉咙。

毛毛心花怒放。啊，天人合一功，原来这么有用，我

不用追着田鼠到处跑了。我得道了！

冬天来了，河上的冰冻结实了。水獭老五在上游河边碰到一个水獭姑娘。她真漂亮：她的鼻子是翘起来的，她的眼睛总在笑。老五说："你叫什么，小美女？"水獭姑娘咯咯笑起来："我叫黑莓。你叫什么？"

"我叫老五。"

黑莓又笑起来："老五算什么名字？"

老五希望她一直这样笑下去："是啊。我就叫老五，可笑吧？"说完他挠挠头也开始傻笑，"你会钻冰窟窿吗？你看我钻冰窟窿。"说完他把头伸到一个冰窟窿里，剩一个屁股在外面，两条腿在空中乱蹬。这又引来黑莓姑娘一

阵笑声。

老五刚从冰窟窿里爬出来，黑莓姑娘觉得该她表演了："看我的。"说完就一头钻到冰下面，往下游游去。老五马上也下来紧追。他俩一会儿在冰下游，一会儿找个冰窟窿上来喘气，不知不觉往下游去了几里地。

黑莓姑娘又出来喘气，老五也在她身边挤出来，两个胳膊撑在冰面上，傻傻地笑。忽然他看见一棵树，他就不笑了。老五仔细地看过了河岸上每一棵树，每一丛灌木、芦苇。每一棵树、每一丛芦苇都让他想起爸爸，他差点儿掉眼泪。

黑莓担心地问："你，没事儿吧？"

"我爸就埋在那棵树下面。这儿，是我的家。你把我带回家来了！我做梦都想这个地方！"

老五指着每一棵树："我在那棵树下面和老四打过一仗。我在那棵树下面和老三打过一仗。那棵树底下是我们小时候的家，后来我们搬过一次，后来的家在那边。"

这时，河边近处一丛干枯的芦苇中像变魔术一样忽然冒出来一只黄鼠狼。老五惊喜地大喊："毛毛！你在芦苇

丛里干什么哪？记得我吗？我是‘小贝贝’！”

他扭脸对黑莓说：“看见那个黄鼠狼吗？那是我们的毒瓦斯干爹毛毛！来！你跟我去见干爹。”

毛毛很得意地问：“刚才我没出来之前，你发现我了吗？我早就看见你俩了。我也认出你来了。一直盼着你们回老家来！我在练天人合一功！和大自然融为一体。我知道了！”

黑莓爱慕地看着老五：“这个黄鼠狼是魔法师吗？你们这儿真太有意思了，像童话里一样。是不是有魔法啊？咱们搬这儿来住吧？”

毛毛认真地点点头：“是有魔法。太上老君住在山上，河神娘娘就在河里。”

图书在版编目（CIP）数据

黄鼠狼毛毛与失去的河 / 杨炽著. -- 济南 : 山东人民出版社，2017.7
ISBN 978-7-209-10573-6

Ⅰ. ①黄… Ⅱ. ①杨… Ⅲ. ①环境保护－儿童读物 Ⅳ. ①X-49

中国版本图书馆CIP数据核字(2017)第086607号

黄鼠狼毛毛与失去的河
杨炽 著

主管部门 山东出版传媒股份有限公司
出版发行 山东人民出版社
社 址 济南市胜利大街39号
邮 编 250001
电 话 总编室（0531）82098914
市场部（0531）82098027
网 址 http://www.sd-book.com.cn
印 装 北京图文天地制版印刷有限公司
经 销 新华书店

规 格 16开（170mm×210mm）
印 张 7
字 数 30千字
版 次 2017年7月第1版
印 次 2017年7月第1次
ISBN 978-7-209-10573-6
定 价 36.00元